U0351967

太空之旅丛书

观星者

［美］亚历克斯·库斯科夫斯基（Alex Kuskowski）　著

陈欣欣　译

SPM
南方出版传媒

全国优秀出版社
全国百佳图书出版单位　　广东教育出版社

·广　州·

本系列书经由美国Abdo Publishing Group授权广东教育出版社有限公司仅在中国内地出版发行。

广东省版权局著作权合同登记号

图字：19-2017-093号

图书在版编目（CIP）数据

观星者 /（美）亚历克斯·库斯科夫斯基（Alex Kuskowski）
著；陈欣欣译. —广州：广东教育出版社，2019.6
（太空之旅丛书）
书名原文：Stargazing
ISBN 978-7-5548-2210-4

Ⅰ．①观… Ⅱ．①亚… ②陈… Ⅲ．①天体—少儿读物
Ⅳ．①P1-49

中国版本图书馆CIP数据核字（2018）第047708号

责任编辑：林玉洁　杨利强　罗　华
责任技编：涂晓东
装帧设计：邓君豪

观星者
GUANXING ZHE

广东教育出版社出版发行
（广州市环市东路472号12—15楼）
邮政编码：510075
网址：http://www.gjs.cn
广东新华发行集团股份有限公司经销
恒美印务（广州）有限公司印刷
（广州市南沙经济技术开发区环市大道南路334号）
890毫米×1240毫米　24开本　1印张　20 000字
2019年6月第1版　2019年6月第1次印刷
ISBN 978-7-5548-2210-4
定价：29.80元

质量监督电话：020-87613102　邮箱：gjs-quality@nfcb.com.cn
购书咨询电话：020-87615809

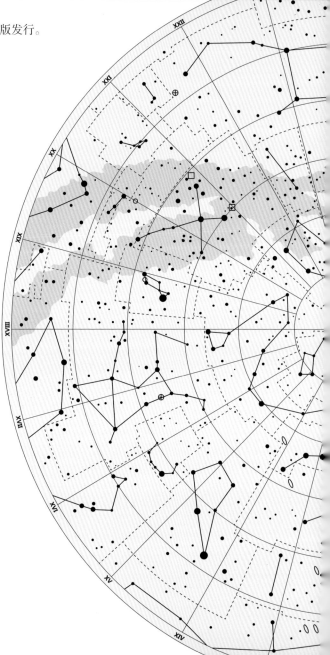

目 录

星空的秘密

仰望星空，宇宙中有什么呢？让我们来一起探索最古老的科学——天文学。
天文学是一门研究恒星、流星和行星等一系列宇宙天体的科学。

流星

像小石块大小的流星体闯进了地球大气层，它燃烧发光，产生了一条光迹，这就是我们看到的流星。

恒星

在晴朗的夜晚，我们可以看到成千上万颗恒星！

行星

行星是指宇宙中环绕着恒星运转的巨大天体。

什么 是恒星

恒星由炽热的气体组成。

恒星是由引力凝聚在一起的一颗巨大的发光球体。太阳是距离地球最近的恒星。

数百万年来，恒星在不断演化。

时间 ⟶

星　空

星光要经过相当长的时间才能到达地球。因此，我们看到的某些天体的光实际上在几百万年前就已经发出了！

热星和冷星

恒星有很多种颜色。恒星的颜色取决于它的温度。

冷 ←——→ 热

热星呈白色或蓝色。
冷星呈橘色或红色。

冷星

热星

地球的自转

地球绕着假想的地轴转动，形成了自转，因此有了白天和黑夜。夜空中的星星也像太阳一样东升西落。

夜间，星星从东方升起，在西方落下。

我们设想地轴与天空有两个交点，一个叫北天极，另一个叫南天极。那些靠近南、北天极的星星，看起来似乎不会移动。

星　座

古代的占星师把星空中的亮星分为不同的"群体"，这些群体就是我们常说的星座。

天文学家利用星座来划分夜空。他们将夜空划分为88个区域，每一区域代表一个特定的星座。

天鹅座

仙女座

英仙座

金牛座

小熊星座

天龙座

武仙座

双子座

大熊星座

牧夫座

巨蟹座

大熊星座

用虚线将星星连接起来，就构成了一幅图。

星空中的一只"熊"

　　大熊星座很容易观测到。大熊星座的外形像一只巨熊。大熊星座中最亮的七颗星被称为"北斗七星"。

绘制星图

人们发现，恒星之间的相对位置往往是不变的，于是绘制出星图。星图上的星座可以帮助人们了解星空。有些星图已经有数千年的历史了。

航海星图

在星图出现之前，沿着海岸线航行的水手们就已经靠恒星的位置来导航了，所以他们才得以周游世界。

从北半球看到的星空

南半球或北半球

从地球上的不同位置观察，星空是不一样的。有些恒星只有在北半球才看到，而有些恒星只有在南半球才能看到。

北极星

位于北半球的人们会看到北极星总是位于北方，因此称它为"北方之星"。人们用北极星来确定方向。

双鱼座

水瓶座

金牛座

双子座

巨蟹座

天秤座

狮子座

从南半球看到的星空

北极星

天文学家

尼古拉·哥白尼（1473—1543）

哥白尼是第一个提出地球不是宇宙中心的人。但是，当时很多人都不相信他。

伽利略·伽利莱（1564—1642）

天文观测使伽利略产生了很多困惑。他论证了地球和其他行星都是围绕太阳运行的。他还改进了天文望远镜的性能。

天文学家是以星空中的天体以及天体运行规律为研究对象的人。天文学家的发现改变了世界。

安妮·坎农（1863—1941）

坎农创造了一种给恒星分类的方法。她将25万多颗恒星进行了分类，并且发现了300颗新的恒星。

阿尔伯特·爱因斯坦（1879—1955）

爱因斯坦发现了一种观测宇宙的新方法。他在天文学中有很多发现，并用数学原理证明了光线是可以弯曲的。

望远镜

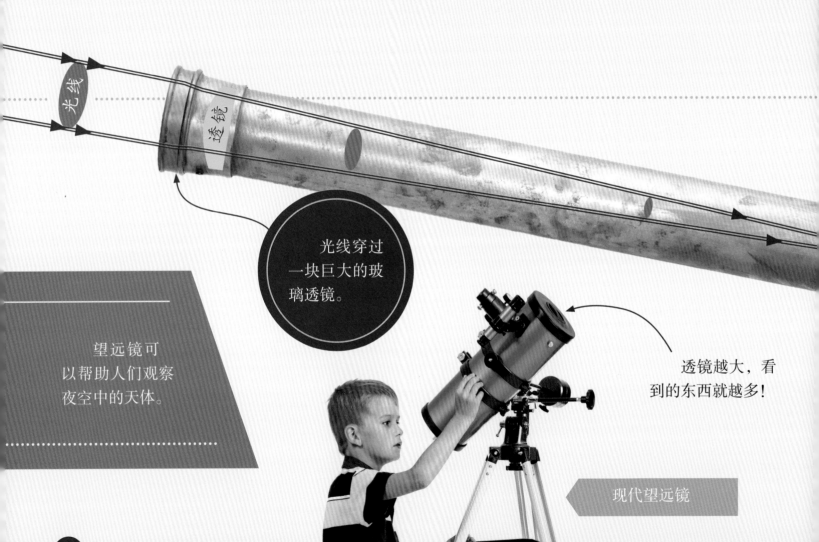

光线

透镜

光线穿过一块巨大的玻璃透镜。

望远镜可以帮助人们观察夜空中的天体。

透镜越大，看到的东西就越多！

现代望远镜

望远镜将恒星和行星这些遥远的天体所发出的微弱光线聚焦，令我们能够更容易地看到它们。

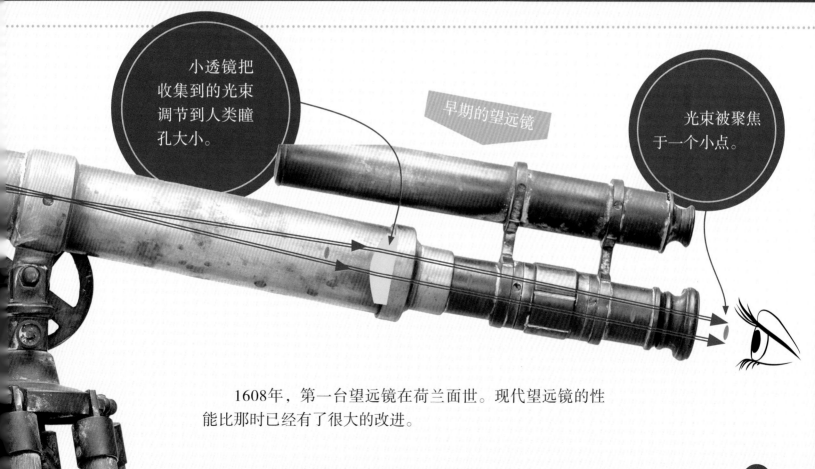

小透镜把收集到的光束调节到人类瞳孔大小。

早期的望远镜

光束被聚焦于一个小点。

1608年，第一台望远镜在荷兰面世。现代望远镜的性能比那时已经有了很大的改进。

超级望远镜

天文学家使用巨型望远镜来观测星空。巨型望远镜通常被设置在远离城市的山顶，这样可以更好地观测星空。

天文台

天文台的圆顶内置一台巨型望远镜。圆顶可以旋转，上部可以打开形成天窗，以便望远镜可以观测星空的不同位置。

不同种类的望远镜

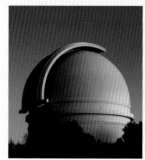
光学望远镜

X射线望远镜

红外望远镜

射电望远镜

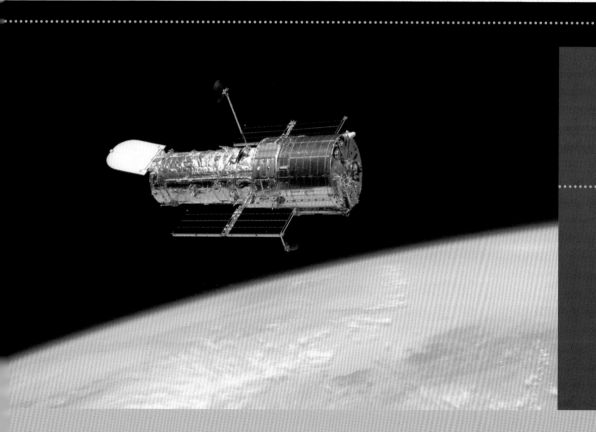

太空望远镜

哈勃望远镜是一台在太空中执行任务的望远镜，天文学家可以在地面上控制和使用它。

星辰陨落

流星

　　有时，人们在夜里会看到似乎有颗星从天上掉了下来。这其实不是恒星的坠落，而是一颗划过天空的流星。

　　在宇宙空间中有大量如小石块那样的流星体，它们闯入地球大气层时，与大气层摩擦发热燃烧，有的在坠落过程中形成光迹，这就是流星。

流星雨

　　有时，人们在夜里可以看到流星雨。流星雨是指在短时间内许多流星体闯入大气层，看起来就像天空中的许多星星掉下来了。

威力巨大的陨石

　　有些流星体没有完全燃烧干净就落到地面，形成了陨石。科学家对陨石进行研究，可以获得更多关于外太空的信息。

陨石坑

　　大部分陨石都较小，但有时也会有一些巨大的陨石坠落到地球上。它们会在地面上撞击出凹坑，这就是陨石坑。

彗星

　　彗星是一个由岩石、冰和气体构成的天体。彗星在飞行时，受到太阳热量的影响，其中的尘埃和气体发生气化，形成一条壮观的"尾巴"——彗尾。

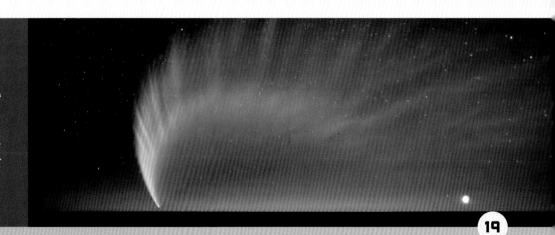

现在的天文学

天文学家研究太空中的一切。有些天文学家观测行星，有些观测太阳，有些则观测遥远的恒星。

行星天文学家

行星天文学家主要研究太阳系中的行星、卫星、彗星和小行星。

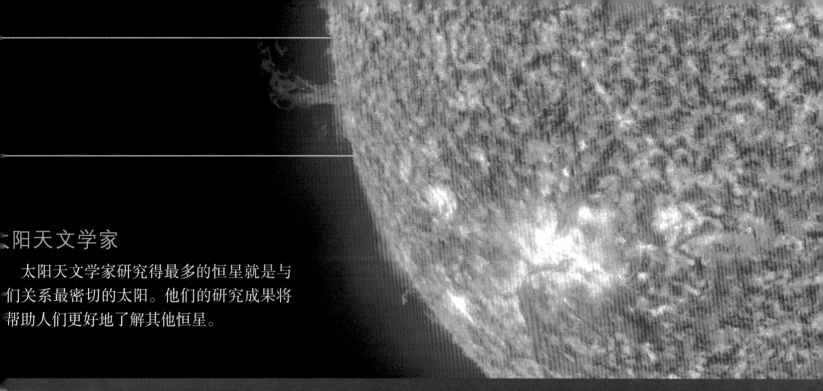

太阳天文学家

太阳天文学家研究得最多的恒星就是与们关系最密切的太阳。他们的研究成果将帮助人们更好地了解其他恒星。

恒星天文学家

恒星天文学家认为，研究遥远的恒星很有必要，有关的研究成果将帮助人们探索整个宇宙。

人们在家就可以研究天文学！普通人也能给天文学家带来不少惊喜的发现。

天文学爱好者通过观察、研究望远镜拍摄的图片，从中找到行星。

天文学爱好者用肉眼、双筒望远镜和天文望远镜观测夜空，发现彗星和小行星。

成为观星者

去发现一片自己的星空！

星空知识小测试

1. 哪颗恒星被称为"北方之星"，且看似不会移动？

2. 热星是什么颜色的？

3. 行星天文学家研究遥远的恒星，对吗？

想一想：

你想成为哪种天文学家，为什么？

恒星：由炽热气体组成，能自己发光的天体。太阳就是一颗恒星。太阳以外的恒星，离地球最近的约有4.3光年。在太空中，我们肉眼能观测到的恒星约有6500颗，用望远镜看，则多到难以计数。

星座：恒星在天空背景投影位置的分区，即人们为认星方便，将星空划分为若干区域，每一个区域为一个星座，每一星座可由亮星组成的形象被辨认。由于历史原因，星座多以古代神话中的人物或动物命名。

星图：将恒星球面视位置投影在平面上构成的图册。星图上绘有坐标，有的星图还用不同的颜色表示有关的特征。中国《敦煌星图》是世界上现存最古老的星图之一。

哈勃望远镜：安装在人造卫星上研究天体的一台望远镜。为纪念近代宇宙学奠基人哈勃而命名。1990年4月24日升空使用，由2.4米直径的反射镜和照相机、光谱仪、光度计等多种仪器设备组成。